▲ 猪笼草

▲ 稻子

稻子属单子叶植物，主要生长在亚洲和非洲的热带和亚热带地区，是主要的农作物之一，也是全世界一半以上人口的主食。

太美丽了！

越了解宇宙，
就越觉得神秘！

▲ 西瓜

▲ 土豆

奇妙科学大探险

植物大集合

奇妙科学大探险

植物大集合

[韩]张吉秀/文
[韩]金永九/绘
林贤镐/译

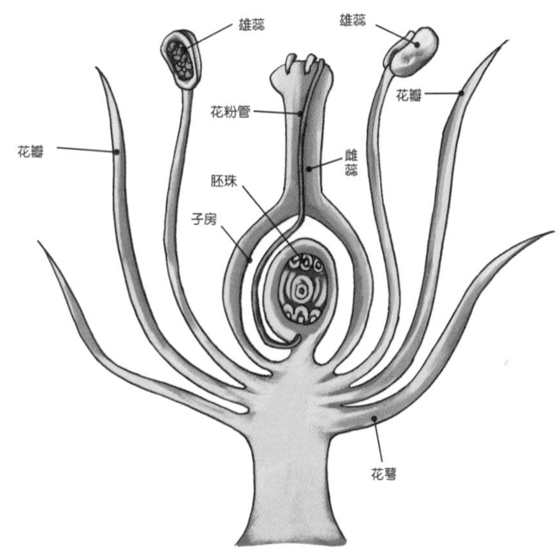

天津出版传媒集团
天津教育出版社
TIANJIN EDUCATION PRESS

图书在版编目（CIP）数据

植物大集合 / （韩）张吉秀文；（韩）金永九绘；林贤镐译. —天津：天津教育出版社，2013.1
（奇妙科学大探险）
书名原文：Plant
ISBN 978-7-5309-6958-8

Ⅰ. ①植… Ⅱ. ①张… ②金… ③林… Ⅲ. ①植物—儿童读物 Ⅳ. ①Q94-49

中国版本图书馆CIP数据核字(2012)第292545号

奇妙科学大探险
植物大集合

出版人	胡振泰
作　者	[韩] 张吉秀
绘　者	[韩] 金永九
译　者	林贤镐
选题策划	李　娟
责任编辑	常　浩
特约监制	田　静
封面设计	于　青
版式设计	尹　鹏
出版发行	天津出版传媒集团 天津教育出版社 天津市和平区西康路35号　邮政编码　300051 http://www.tjeph.com.cn
经　销	全国新华书店
印　刷	小森印刷（北京）有限公司
版　次	2013年1月第1版
印　次	2013年1月第1次印刷
规　格	16开（750×1120毫米）
字　数	30千字
印　张	7.5
书　号	ISBN 978-7-5309-6958-8
定　价	22.80元

序言

我们的生活离不开飞速发展的科学技术。现代社会与科学技术联系紧密，互相影响，互相促进。孩子是我们的未来，但许多孩子都认为科学很难，要远离科学。他们不懂什么是科学，也不懂科学是怎么影响我们的生活的。因此，培养他们对科学的兴趣，提高其解决常见科学问题的能力是十分必要的。

我们在编写“奇妙科学大探险”这套丛书时深刻认知了这种事实，并为此专门研究了让孩子对科学教学感兴趣的方法。为了使孩子们在掌握教科书上的基本科学概念以外，养成对科学进行广泛探究的态度，并自觉地学习科学，在编写形式上我们最终选择了漫画这一特殊的载体，以激发孩子们阅读的兴趣。

监制｜曹景哲 博士

出生于平安北道，毕业于延世大学，在美国宾夕法尼亚大学研究生院取得了天文学学位。在美国海军天文台、美国国家航空航天局、延世大学和庆熙大学担任过教授。通过转播宇宙飞船“阿波罗”号的月球着陆而被誉为“阿波罗博士”，目前担任韩国宇宙环境科学研究所所长。曾执笔包括宇宙物理学、天文学等170余本与科学相关的书籍。

监制｜金正律 博士

毕业于首尔大学，取得了地球科学硕士学位和博士学位。历任韩国地球科学会副会长、大学入学教学能力考试和教员任用考试出题委员、头脑韩国研究事业队队长等。目前是韩国教员大学地球科学教育课教授。著作有《地球环境科学》《地球科学概论》《中学地球科学》《高中地球科学》等。

监制｜尹茂富 博士

毕业于庆熙大学生物系，在该校的研究生院取得了硕士学位，在韩国教育大学研究生院取得了博士学位。曾担任过首尔市动物咨询委员、文化部文化财产专员、庆熙大学生物学教授。著作有《韩国的鸟》《韩国的天然纪念物》《韩国鸟类生态图鉴》等。

作者 | 张吉秀

前韩国日报社青少年图书主编，毕业于东亚大学，历任出版社和报社主编，目前为动画作家和漫画教育家。曾出版《神，你在哪？》《画眉》《意识翅膀的天使》《白凡金九》《美国史》《英国史》《教科书原理科学教学漫画》（20本）《哲学家与人物焦点》（10本）等众多优秀作品。

绘者 | 金永九

韩国漫画家协会、韩国出版美术家协会、韩国文化人协会会员。在韩国广播公司做过与动画片故事相关的工作，荣获众多优秀儿童漫画奖。有多部作品在《首尔报》《少年中央》等报刊连载，出版过多部漫画作品。代表作《黄牛和田螺》自出版后便广受读者喜爱。

参考文献

《世界科学技术史》《韩国科学技术史》《科学用语大辞典》《伟大的科学家们》《东西洋科学史》《科学技术和社会》《尖端科学的未来》《首尔大学推荐图书·科学技术篇》

资料协助

韩国科学研究院、KIST 图书信息员、韩国图片网、韩国科学资料研究会·科学教育映像媒体

玄彬：

冒险三人组成员之一，正义感强、讲义气，是正直热血的男孩，常常会因看不惯东巴的行为，而和他产生争执。但也会在东巴出事时，第一个站出来帮助他。闲暇时，喜欢伙同蔡琳和东巴拌嘴，把他气得哇哇乱叫。

东巴：

冒险三人组成员之一，块头大、胃口大、个子大，头脑简单，喜欢凶猛的动物，看似勇猛，却是个纸老虎，遇到危险时跑得比谁都快。因为过于鲁莽，闹出许多乱子。常常被蔡琳、玄彬欺负，虽然很生气，但还是把他们当成最好的朋友。

韩松伊：

非常漂亮可爱的少女，就是脾气有点不太好，生起气来会把东巴打得头晕眼花。家里开花店，爸爸是韩国植物院院长，韩松伊可是很了解植物哦！

韩国植物院院长：

韩松伊的爸爸，是个脾气很好的科学家。亲自带领他们参观植物院，还循序渐进地给他们讲解各种植物知识，让他们大开眼界。

目录

一朵花少女

注意安全，蔡琳！
哎呀，一朵不知名的美丽的花开在缝隙里了。
啊！
啪！
哎哟！
蔡琳！
扑通
听说蔡琳玩儿轮滑鞋摔倒住院了。
切！不跟我们玩儿，就天天自己玩儿……
真是香……
东巴，你！

香的是芝麻油，
芝麻油很稠，
稠的是……
不要装蒜！
我装什么
蒜了？
算了！找家花店
买束花吧！
比起花，你不觉
得披萨更好一
些吗，玄彬？
就知道吃，走！
那里有家花店。
韩松伊花店
花
店
欢迎光临，请问
需要什么花？
嗯，我要探
病送的花。
粉碎的梦想。
一起吃你
们买来的
披萨吧。

放学回来了。
哦，韩松伊，来的正好。妈妈现在有点忙，你给他们配一束可以去探病的花吧。
哇噢
去探病的话不过敏的花就可以了吧？
哇，好漂亮，比蔡琳漂亮多了。
韩松伊多像一朵美丽的花啊！
哇噢
哇噢
给你，一万韩元。
我很忙，快拿花！

蒙！
东巴，你说你有5千韩元是吧？快给我。
喂，男子汉大丈夫怎么可以那么小气！
嗖
给你，1万韩元！哈哈哈哈……
啪
明明说过只有5千韩元……
松伊，妈妈去外送了。
看着一朵不知名的花，结果不小心摔倒了。
诚实的医院
一朵花？
你们玩儿轮滑鞋时要注意安全。
是。
对了，我还有约呢。

蔡琳，我有约先走了。祝你早日康复。
嗯，谢谢，东巴。
慢走。
什么啊？

韩松伊花店
花
欢迎光临，你们又来了啊。

我太感动了。
感动什么啊？

因为对患者有影响，连花都不卖了。
就这点小事，感动什么啊？你还是个男孩子呢。
我就知道会是这样。

移盆：把花盆里的草或者花移种到其他花盆。

哎哟，休息一会儿吧！

哎哟，胳膊、腿、头、腰啊！

天哪，怎么可以让客人累成这样！

没事吧？

没事。

嘿咻

不管有多累，我都没事。

嘿咻

啪啪

啪啪

呵呵。

不错啊。

我一点儿都不可怜，还有，我爸爸是韩国植物院的院长！
我们喜欢花草才开了花店！
是……是吗？我们真的不知道……
对……对不起。
韩松伊花店
我误会你了，别生我气好吗？
其实我们对植物也非常感兴趣。
我们能不能去你爸爸工作的韩国植物院见习啊？
这想法真不错。
嘿嘿
嘿嘿
带他们去吧，松伊。他们今天可帮了不少忙啊。
知道了，妈妈。
万岁！
韩松伊最棒！

爸爸，他们就是我跟
你提过的玄彬和东巴。
欢迎光临！
您好，院长！
您好，
岳父大人！
什么，你敢！
啪
哎呀！
哈哈哈，这些孩
子挺逗啊。
扑通
对了，听说你们
对植物感兴趣，
那你们对植物了
解多少啊？
一句话概括，
什么是植物？
植……植物……
那个……
生长在地……
地上的树
和草……

叶绿素：绿色植物的叶子含有的色素，可通过有机化合物的合成把光能转换为化学能。

植物的特性与分类

食草动物通过吃草来维持生命，而食肉动物通过吃食草动物来维持生命。这就是生活在地球上的动物的特性。

捕猎弱小动物的狮子▶

不能移动是植物最大的缺点。它们不能逃跑，只能站着被动物们吃掉。
植物，谢谢你们填饱了我们的肚子！
如果食物逃跑了，像我一样行动慢腾腾的大象会被饿死的。
吧
唧
第一，植物通过植物体的分裂组织进行各项活动。
植物除了通过光合作用吸取养分和不能移动，还有其他几种特性。
什么是分裂组织啊？
听不明白，院长。
分裂组织是由进行细胞分裂的细胞构成的组织。通过不断的分裂，其细胞数会增加。

高等植物：拥有根、茎、叶，可以开花结果的植物。

威胁植物的因素非常多。
松伊说得对，植物也会为了生存，进行自我防御。
嘿嘿，植物只是我们食草动物的食物而已。
吧唧
吧唧
也是我们昆虫的食物。
嗡嗡嗡
我们菌类（霉）寄生在植物上！
我们病毒也是！
喂！比起我们人类对植物的威胁，你们对植物的威胁简直微不足道。
哈哈

生活在 21 世纪的植物们遭受了祖先们未曾有过的新的威胁，正在痛苦中呻吟。

由于人类对生态系统的破坏，植物的受害程度难以估量。
历经数万年时间，在其他生物的攻击下，植物也具备了防御手段。

您的意思是说植物也使用机关枪或者迫击炮这样的武器吗？
不是那样的……
就是防御性武器。
防御性武器？
那么是盾吗？
第一个武器是刺！
那些长得密密麻麻的刺，不就像捕食者眼前的刺猬吗？
如果不怕我的刺，就吃了我吧！
来吧 来吧
呜呜呜
这么多刺，没法吃啊！
许多植物的叶子边缘含有硅酸盐，非常锋利。
如果想要拔我，就要承受割破手的后果！

啊，
好痛！
被草割破
手了。
呜呜，
手流血了！
我说什么了，
拔草时要注意！
植物很容易就能从土壤中
获得硅酸盐，它是植物们
保护自身的武器。
叶子边缘锋利的锯齿也是重要
的防御性武器。
像荨麻这种植物，身上长着毒毛，喜欢草的兔子看到
它也会绕道而行。
妈妈！
这里有
好吃的草。
不可以吃，那
是荨麻，吃了
会出事的！

第二种方法是向昆虫求助。玉米和棉花等植物如果遇到蚜虫等害虫的袭击，会散发出特殊气味来通知马蜂，马蜂就会来吃掉害虫。
SoS
SoS
收到求助信号了。
出发！
快去吃掉好吃的害虫吧！
走喽！
嗡
嗡
嗡
嗡
嗡
我们和玉米是相扶相助的关系。
我们是互相帮助的。
我们是关系好得不得了的蚂蚁和玉米，嘿！
刺槐为蚂蚁提供住处和好吃的津液，同时也受到蚂蚁的保护。蚂蚁的排泄物会成为植物的养料。

当遭遇害虫入侵时，有些植物会流出好吃的汁液，引诱害虫。
紧急状况！紧急状况！蚜虫来犯！
放出汁液！
那么蚜虫会集中在叶子那边的。

路过的瓢虫就会顺道吃掉蚜虫。
哈哈哈，赚到了！这可是好吃的蚜虫。
哇噢
没有比蚜虫更好吃的了。
谢谢你，植物！

第三个是通过化学攻击来击退敌人。
啊！甲虫发起攻击了。
发出类似母甲虫的气味！
嗖 嗖 嗖 嗖
啊啊啊啊……好晕。
晕头
转向

当受到病毒的攻击时，烟草植物能发出警报，释放出免疫物质。
松树的松脂也能起到保护的作用。
为了不让其他植物生长在自己的周围，松树还能散发出有毒的化学物质。
对啊！难怪松树下面不长其他草木呢。
松树真坏！居然连跟自己同类的植物也不放过。
植物和动物可都是在竞争中生存的。
好了，那么现在开始学习细胞知识吧。
是，院长！
能不能学点好玩儿的东西啊，博士？
东巴，你又开始矫情了？

什么是细胞?

细胞是构成生物体的基本单位。细胞的基本形态大致相同，根据生物的种类和部位会有所不同。在由一个细胞组成的单细胞生物中，细胞即是生命本身。多细胞生物则是多个细胞的集合体。细胞大小不同，大部分都是肉眼无法看到的，只能通过显微镜来观察。

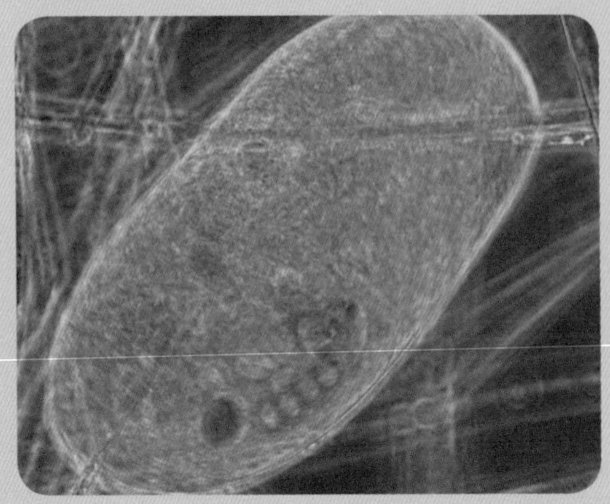
▲ 单细胞生物草履虫

细胞的构造

细胞有细胞核。核的模样一般为圆形，也有线状和不规则形状的。

细胞质包含色素体、线粒体、高尔基体等。只有植物细胞才有色素体，色素体包括叶绿体、白色体、杂色体等。叶绿体和杂色体含有叶绿素，拥有这种色素体的植物能进行光合作用。细胞的中枢系统不只动物细胞才有，植物细胞也有。

细胞质的内部有液泡，植物细胞越老，液泡的数量越多。一部分动物细胞液泡很小。

动物细胞和植物细胞

动物细胞和植物细胞都具有细胞膜、细胞质、细胞核等结构，但在形状和构成成分上有所不同。植物细胞的细胞壁围绕在细胞膜周围，因此形状较为固定，而且是多面体。动物细胞没有细胞壁，形状不规则，大部分是圆形。植物细胞壁由植物纤维构成。另外，植物细胞拥有叶绿体，动物细胞没有。

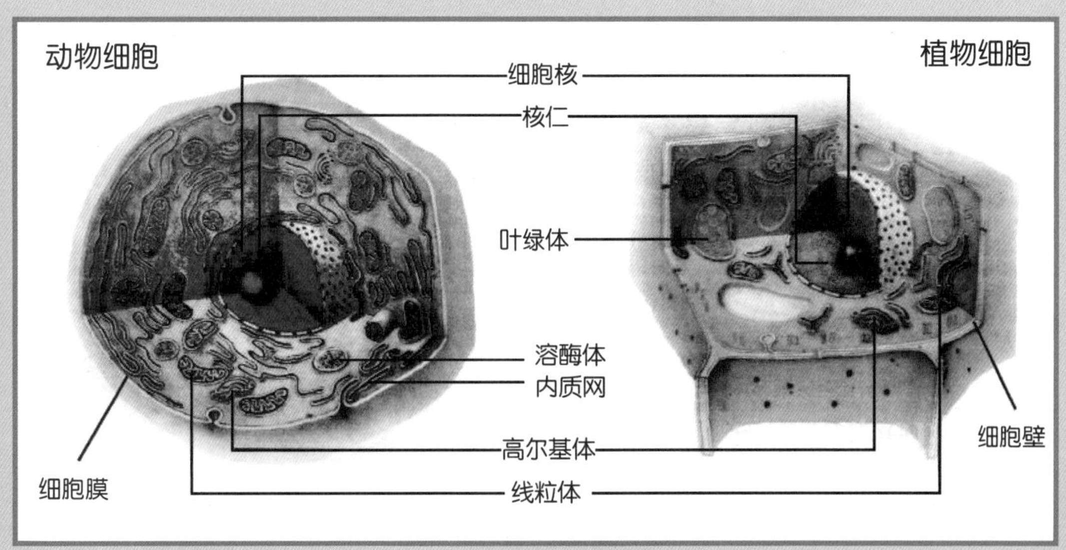

细胞的发现

1665 年，英国的罗伯特·胡克首次在植物组织中发现了细胞。他用显微镜发现软木和木炭是小箱子模样的集合体，然后给该小箱子起了“细胞”这一名称。但胡克发现的只是已死细胞的细胞膜，他把被细胞膜包住的构造称为细胞。

生物体的构造被胡克发现后，1838 年，马蒂亚斯·施莱登证实了植物体是由细胞构成的。一年后的 1839 年，西奥多·雪旺又证实了动物体也是由细胞构成的。

罗伯特·胡克(1635~1703)

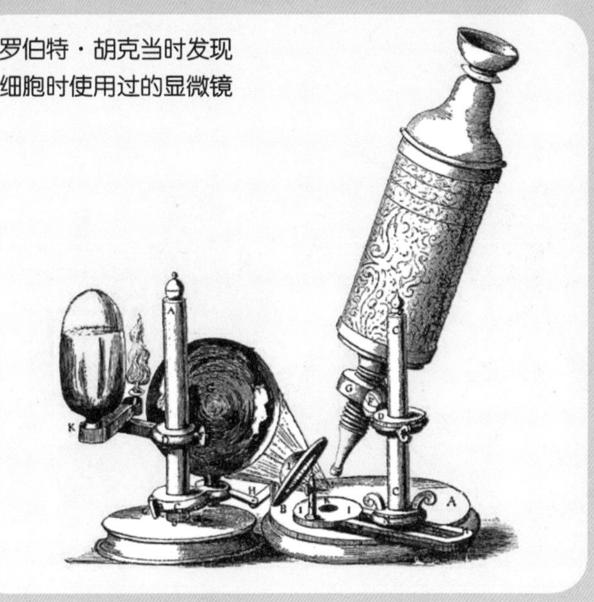

罗伯特·胡克当时发现细胞时使用过的显微镜

哎呀，学习了一会儿，头都痛了。
哎哟！像学得很认真似的，都头痛了啊？
那么，我提个问题：细胞是谁发现的？
那个，就是……那个……
不就是这个嘛！
啪
胡克！
是的，就是胡克，罗伯特·胡克！
那也不能打肚子啊！
帮你想起来嘛……嘿嘿。
好了，让东巴的脑袋休息一下吧，如何？

东巴说头痛，我想起了一个在网上看到的故事，是关于动植物特性的。
啄木鸟一直啄木也不会头痛，为什么？

是不是因为它的头骨很硬啊？
难道它的脑袋里有冲击吸收装置？
就像骨头有全骨一样，难道它的喙是全喙？
错！
啪

我啄木鸟的头部具有精密的防震装置，因此啄木时不会头痛。
啪啪啪啪

从前老师或者父母教训孩子，老爱用荆条树枝，这是为什么？
呜呜呜……
啪啪

因为那时候多得是荆条树。
因为每家每户都有荆条树枝做的扫把。
那个很痛的。
都错！
那是因为用荆条树枝抽打，不会淤血。
用木棒打人会淤血，那样不安全。
啪
啪
啊！
啊！
对！难怪荆条树枝又叫“爱之棍”。
切！就两个人说话。
答对了。

壬辰倭乱时期，宣祖王在避难的路上断粮了。

水刺床：在韩国皇宫中，尊称王的饭桌为“水刺床”。

回到汉阳后，宣祖王的水刺床也常常摆上柞栎果粉，之后他还把这棵树改名叫橡树。

当蟒蛇要吃掉小黄鼠狼时，黄鼠狼妈妈会放很臭的屁来赶走蟒蛇。

咔

吓一跳

走开，你这只坏蟒蛇。

真臭！

之后黄鼠狼妈妈会用银杏叶揉摸吓晕的孩子——它知道银杏叶的效能。

我的孩子！

喋

喋

妈妈！

谢谢，银杏树！我不会忘记你的恩惠的。你一直困在土里，很闷吧？

并不是所有的植物都是绿色的。

寄生：不同种类的生物生活在一起，一方获益、一方受害的生活形态。

植物还分为开花后用种子繁殖的种子植物，和不开花、用孢子繁殖的孢子植物。

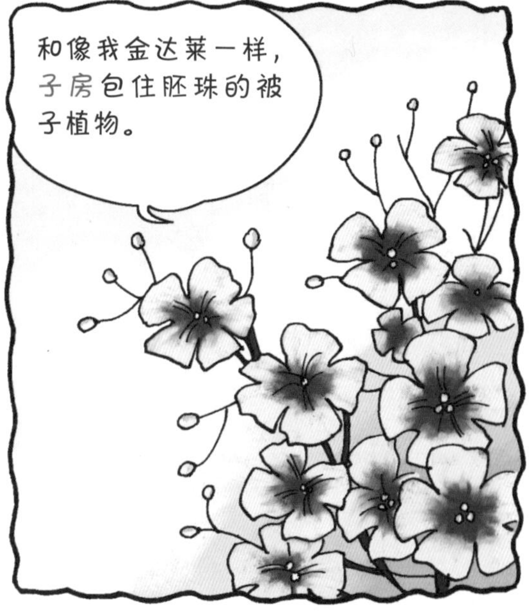

胚珠：受精后会成为种子的雌蕊的器官。
子房：被子植物生长种子的器官，位于花的雌蕊下面，一般略为膨大。

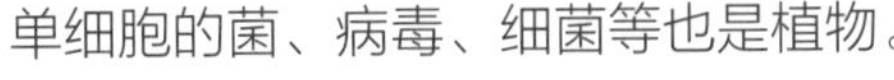
单细胞的菌、病毒、细菌等也是植物。

子叶：植物发育时的第一片叶。

青苔和生长在水里的藻类等也都是植物。

青苔

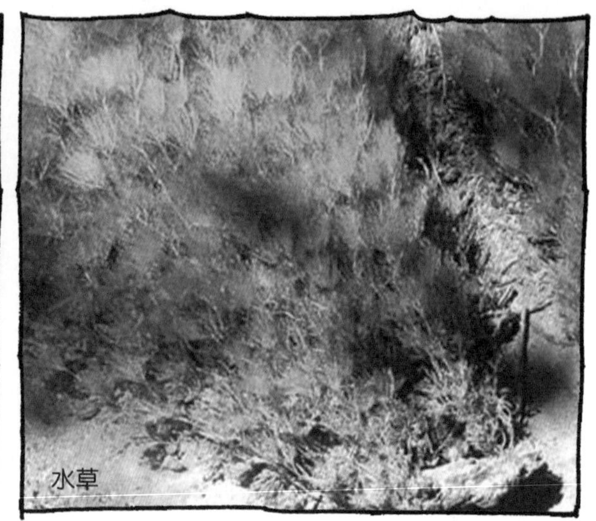

水草

德国植物学家恩格勒的植物分类体系

蓝藻植物门 大部分生活在水中，也有与青苔生长环境类似的，包括螺旋藻、蓝绿藻、鱼腥藻等一千四百余种植物。

红藻植物门 大部分生长在海里，包括紫菜、石花菜、鹿角海萝等四千余种植物。

黄藻植物门 主要有单细胞、群体、丝状体和多核管状体，包括光藻、硅藻、气球藻等一万余种植物。

橙藻植物门 大部分生活在海里，偶尔会异常增殖，引起赤潮。包括角果藻等千余种植物。

褐藻植物门 大细胞植物，身躯较大，有的被分化为根、茎、叶。主要分布在较凉的海里，包括海带、马尾藻等一千五百余种植物。

裸藻植物门 单细胞，拥有鞭毛。包括眼虫等四百余种植物。

绿藻植物门 在鱼缸、水池等静止的水中容易繁殖的绿色藻类。拥有叶绿素，可以进行光合作用。包括水绵、浒苔、刺松藻等。

轮藻植物门 茎有节和节间之分，在节上轮生有相当于叶的小枝，靠假根扎根在水底。生长在淡水中，拥有包括轮藻等二百余种植物。

苔藓植物门 也叫苔藓类植物，苔类包括水苔、松苔等；藓类包括地钱、金鱼藻等。目前大约有两万余种植物。

蕨类植物门 维管束植物中不开花，通过孢子进行繁殖的植物。根、茎、叶的区分较为分明。目前大约有一万余种植物。

种子植物门 以种子繁殖的植物分为裸子植物和被子植物。属在植物界中进化最好的植物群，包括地球上大部分的植物。包括八百余种裸子植物和二十至三十余万种被子植物。

植物叶子的作用

金刚山也是饱后览：意思是再好玩的事儿，吃饱了才会起兴。也就是饿着肚子就不会有兴致。

哇！是香蕉。
哎呀！
啪
啊，好痛！
活该！
哈哈哈。
天啊！哈哈哈。
孩子们，这个仙人掌的刺是叶子，还是茎？
……
嗯，是不是茎啊？
怎么会是茎，这只是刺而已。刺！哎哟，好痛！

仙人掌是生活在沙漠里的植物，为了减少水分的蒸发，叶子最终变成了刺。

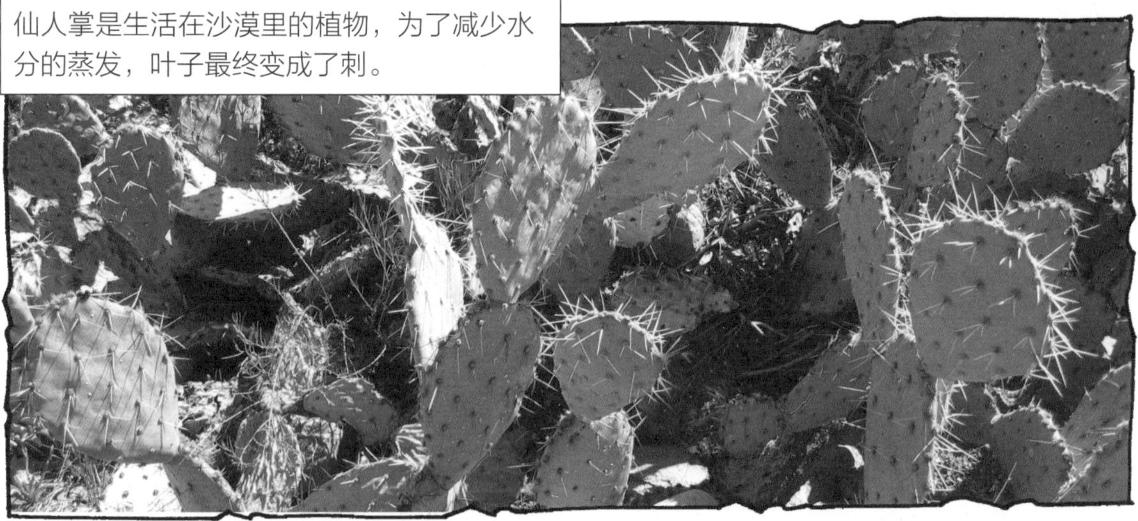

豌豆和南瓜的卷须也是叶子变化而成的。

豌豆的卷须

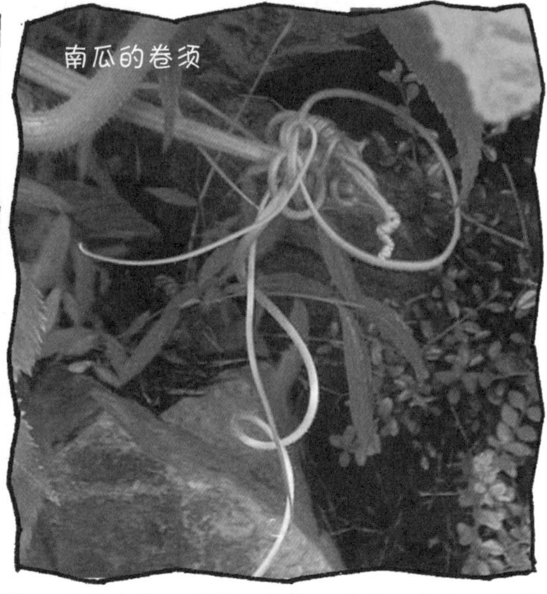

南瓜的卷须

卷须：某些植物用来缠绕或附着其他事物的器官。有的是从茎演变而成的，有的是从叶子演变而成的。

捕蝇草长得像夹子。

水鳖生长在水里，圆形叶子背面长着气泡，便于漂浮在水面。

槐叶萍的叶子会绕茎长出三片，两片浮在水上，另一片在水里发挥着根的作用。

咦，院长，为什么把锡箔纸贴在叶子上？
锡箔纸
听说你们要来，当实验用品贴上去的。
什么实验啊，爸爸？
我特别喜欢做实验，院长。
是吗，太好了，那就由你来跟我一起做吧。
知道是什么实验了？
什么实验啊？
通过实验观察一下植物吃什么生长，怎样获取养分。东巴，把贴上锡箔纸的叶子摘下来吧。
是！
啪
啪

东巴，摘一点儿就可以了，摘了那么多，会伤到叶子的。
不好意思，因为我太有魄力了，所以……
再有点魄力，就要把植物连根拔起了。
不要插嘴！
为什么不插嘴？那么随随便便地摘，植物也会疼的。
哎哟！你忘了在前面学到什么了吗？植物没有感觉和神经，所以感觉不到疼痛。
把晒了一天的叶子上的锡箔纸拿掉。
放进小烧杯，倒入酒精。

重汤：把装着食物的碗放入滚烫的水中煮熟或者加热。

水沸腾之前，先做与这个相关的实验吧！这是淀粉。
把稀释的碘溶液滴在淀粉上。
看看有什么变化？
啊！变成紫色了。
真的啊！
这应该更接近蓝色。
为什么会这样，院长？
是魔术吗？
嗯，因为……
爸爸！水开始沸腾了。

酒精的颜色开始变成草绿色了，院长。
先把火熄灭，再把烧杯里的叶子拿出来。
叶子变成白色了。

在叶子上洒水，
嗤嗤

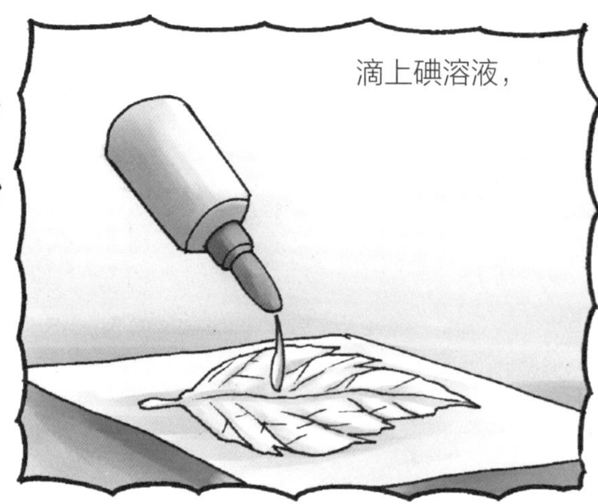
滴上碘溶液，

观察一下颜色的变化。

哇！贴上锡箔纸的地方颜色没变，其他部分都变成蓝色了。

关于这个实验，
东巴，你说说
自己的看法吧。
停顿
嗯？
我……
我吗？
啊！突然肚子痛了，
厕所在哪？
啪啪啪
不让你讲了，
过来吧！
吱吱吱
由我来说明吧。
院长您也真是！
不要吓人啊。
这是观察植物光合
作用的实验。
用锡箔纸遮住叶子的一部分，
是让叶子在夜间通过呼吸消耗
完已生成的淀粉后，不会再通
过光合作用产生新的淀粉。

加热时叶子的叶绿素都被溶解，因此叶子的绿色不见了，只剩下白色。
可不可以由我来讲滴了稀碘溶液后没有被锡箔纸覆盖的叶子的颜色变化啊，院长？
切，装什么聪明，小心丢人现眼！
那好，玄彬你来讲讲吧。
未覆盖锡箔纸的叶子滴了稀碘溶液变成蓝色，是因为叶子进行了光合作用，产生了淀粉。
正确！
所以贴上锡箔纸的部分依然为白色就是因为没能产出淀粉。
是的，说得很好。淀粉因碘溶液变成蓝色，所有的淀粉遇到碘溶液时都会这样。

那么，米饭遇碘酒会出现同样的现象是吗？
饭？
对！
啪啪
好好，来整理一下吧。
我们进入森林时感到清爽是因为……
植物通过光合作用产生新的氧气。
此时生产的淀粉会输送到植物体的各个部分，成为构成植物体的材料以及其生长所需的能量，余下的一部分将被储存。
接着来学习植物吧。

叶子是斜生于植物的枝茎之上，呼吸并进行光合作用的器官，一般为草绿色，分为叶片、叶柄、叶托三部分。

叶片由表皮、叶肉和叶脉三部分构成。

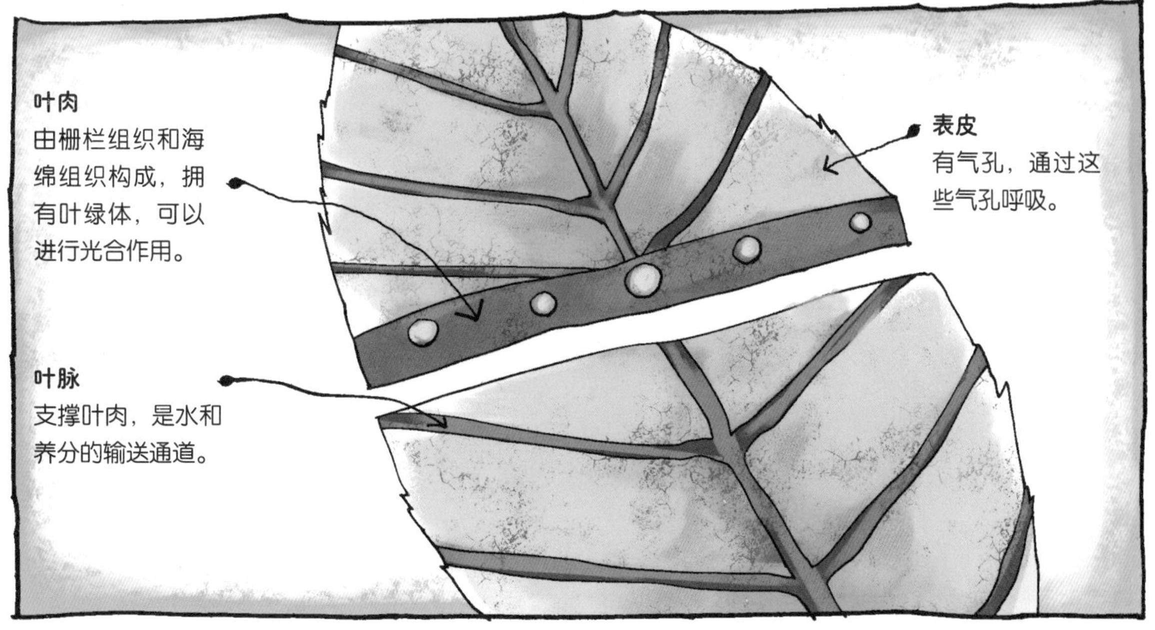

叶脉分为网状叶脉和条状叶脉。

菊花、桔梗、苏子叶等属网状叶脉，
大米、玉米、大麦等属条状叶脉。

玄彬，一人摘一片树叶，最后一个买披萨如何？

你怎么可以随便摘树叶啊？

啪

那片叶子给我吧。

东巴，虽然有时也会修剪树枝树叶，但也不能随便折树枝啊。

啊？

东巴应该是为了看叶子的种类才折树枝的吧，爸爸。

哇，松伊完全是个天使啊。

刺槐的叶子也属于羽状复叶。

目前所讲的是复叶，一个叶柄上只有一片叶子的就叫单叶。
接近椭圆形的柿子树叶。

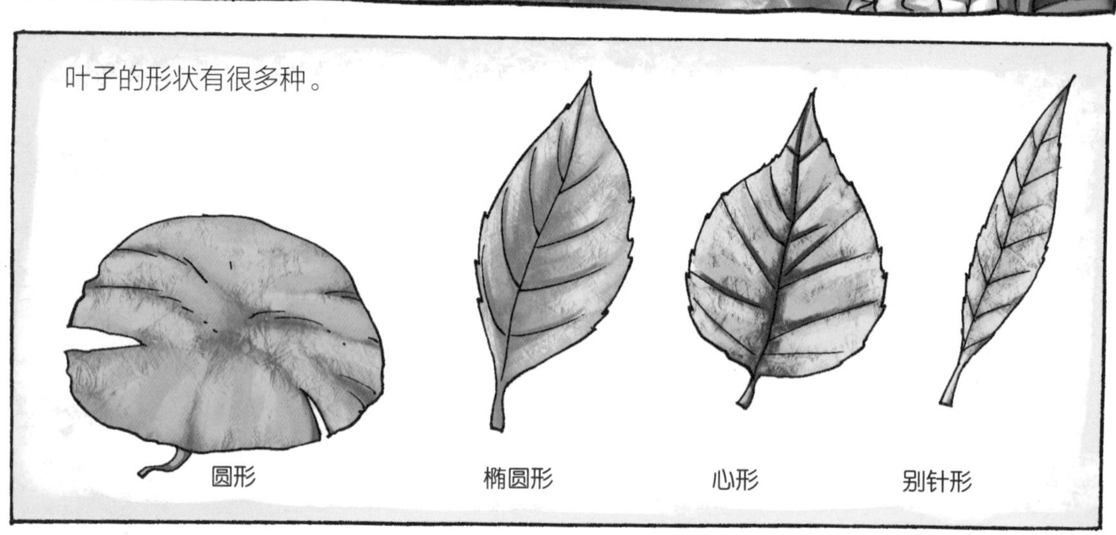
叶子的形状有很多种。
圆形
椭圆形
心形
别针形

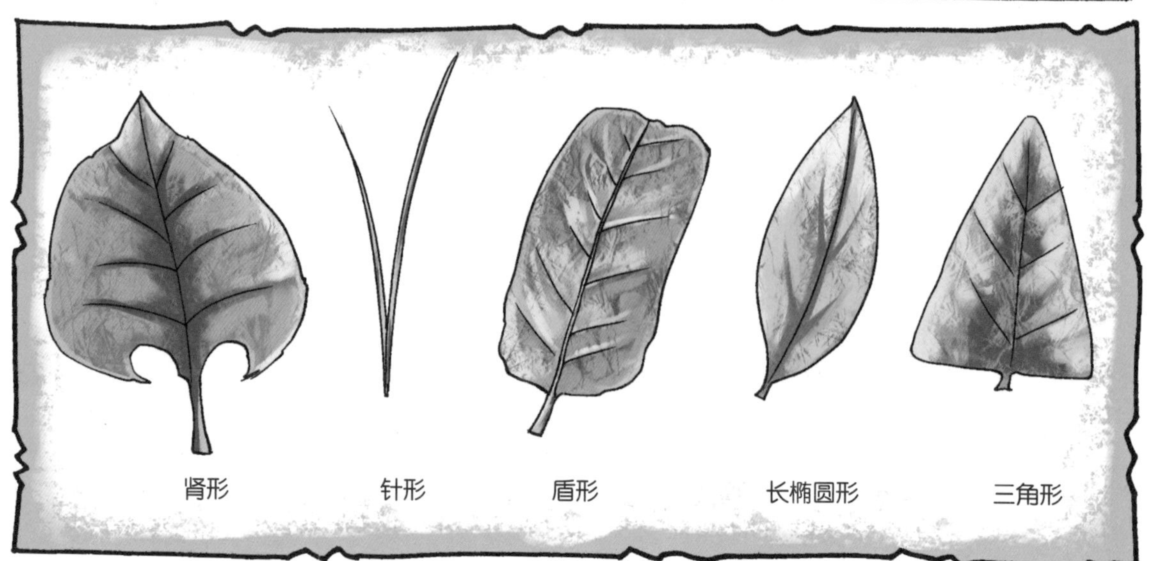
肾形
针形
盾形
长椭圆形
三角形

错位（例 木槿花）▶
每片叶子的方向都不同

▲ 对齐（例 石竹）
每两片叶子对齐

▲ 团拢（例 龙舌兰）
多片叶子在短茎上团拢生长

▲ 围绕（例 人参）
每个节点围绕生长 3 片以上叶子

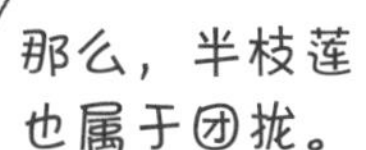

▲ 根生（例 蒲公英）
从根或者地底茎上直接长到地面

花的作用

哇，是花，好漂亮！

哦！太漂亮了。

但并不是什么植物都开花。

嗯，在前面讲过的。只有通过种子繁殖后代的植物才开花。

就像松树那样的裸子植物和金达莱一样的被子植物。

是的，原来玄彬听一次就能记得住啊。

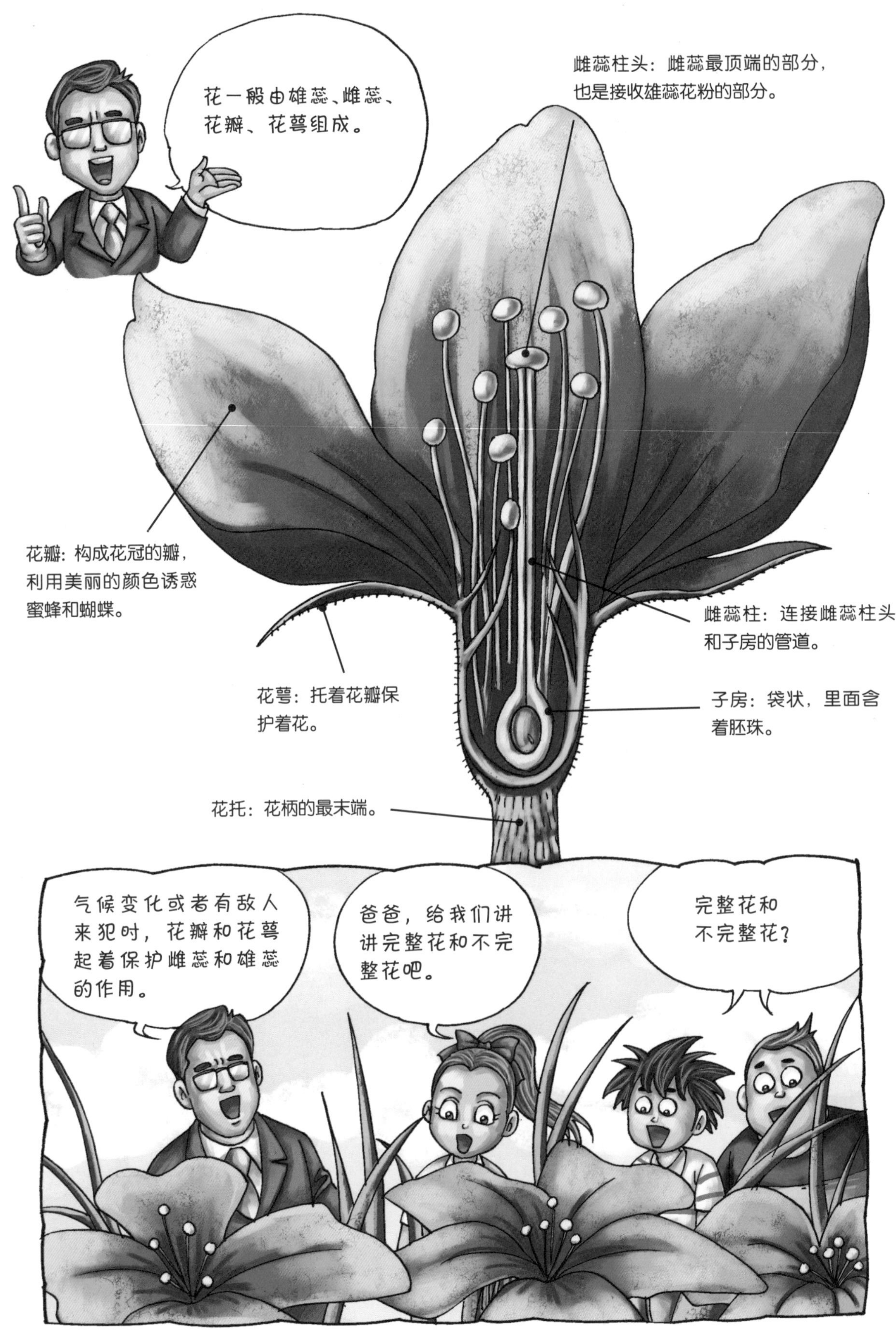

花一般由雄蕊、雌蕊、花瓣、花萼组成。
雌蕊柱头：雌蕊最顶端的部分，也是接收雄蕊花粉的部分。
花瓣：构成花冠的瓣，利用美丽的颜色诱惑蜜蜂和蝴蝶。
雌蕊柱：连接雌蕊柱头和子房的管道。
花萼：托着花瓣保护着花。
子房：袋状，里面含着胚珠。
花托：花柄的最末端。
气候变化或者有敌人来犯时，花瓣和花萼起着保护雌蕊和雄蕊的作用。
爸爸，给我们讲讲完整花和不完整花吧。
完整花和不完整花？

完整花——木槿花

不完整花——郁金香

是完整花同时又是两性花的有哪些，院长？
又在装聪明了。
最具代表性的就是喇叭花。
是不完整花，同时又是两性花的也有。
稻花没有花瓣。
我郁金香虽然拥有雄蕊、雌蕊，却没有花萼！
咦，用毛笔把黄瓜花染成黄色？
?

银杏树、柳树、桑树的雌雄花各开在不同的树上，这样的称之为雌雄异体。

柳树

花瓣全连在一起的叫合瓣花，分开的则叫离瓣花。

合瓣花——百合

离瓣花——樱花

茎的作用

茎大致由表皮、维管束、髓组成。

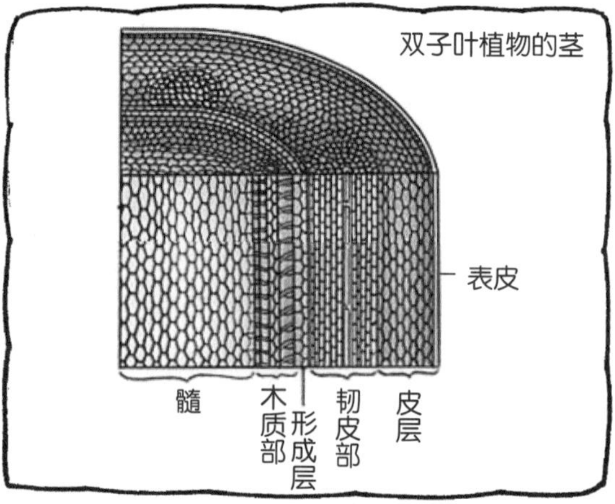

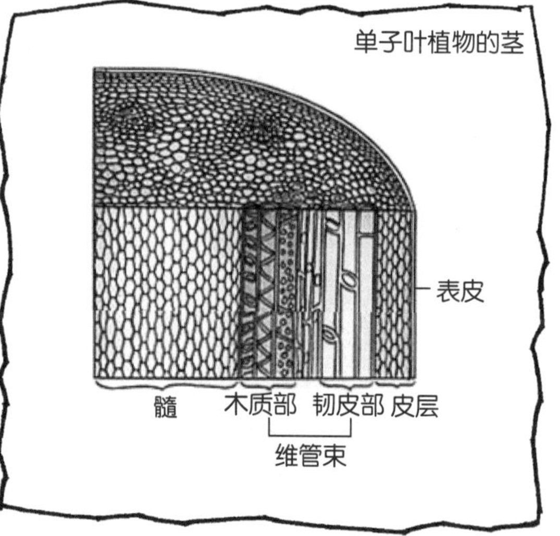

没什么复杂的。只要记住维管束是由水分移动的水管、养分移动的韧皮、继续生长的形成层组成的就可以了。
树茎有年轮，草茎没有。
木质部随着季节性的气温差产生的就是年轮，每年会增加一轮。

5……4……3……2……
1……叮，万岁！午饭时间到了。
耶
!
?
哈哈哈
差点就饿死了。院长！给我们买好吃的好不好？
无药可救。
听说你们要来，我特意准备了乡村体验特餐。
我还以为是什么呢。
乡村体验特餐？难道要我们去杀猪吗？
是啊……
玄彬，东巴，快来吧。

午饭就是土豆
田里的土豆，咱们
挖土豆烤着吃吧。

随便挖几个都
可以，开始！
怎么了，
中暑了吗？
东巴！
天啊！
砰
土豆田

东巴，醒醒！
咕嘟
咕嘟
啪
啊噗噗！
让开！

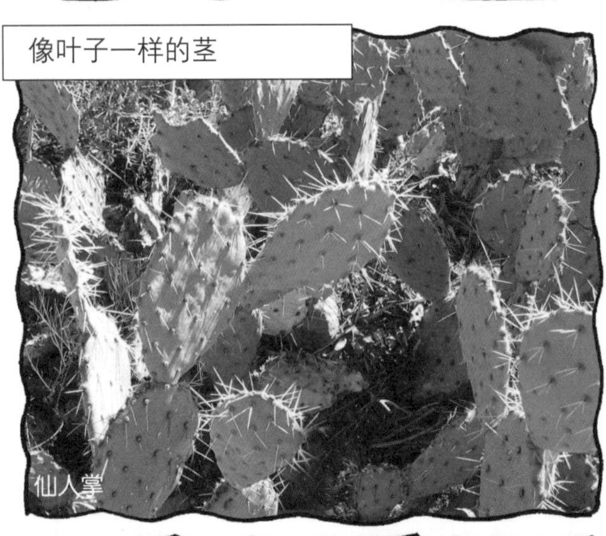

像叶子一样的茎

变成卷须的茎

变成刺的茎

贴着地面生长的茎

中央为空心的茎

储存养分的茎

▲土豆（块茎）

▲洋葱（针茎）

▲莲花（根茎）

好，我们用这个篝火烤土豆吧？
是。
是，院长。
咻咻
通过挖土豆体验乡村生活，同时学习有关茎的知识。
还可以解决饥饿问题。
这可是一箭三雕啊。
还一箭三雕呢，切！
快吃吧。啊，好烫！
哇，熟得刚刚好。
真好吃。
咻咻！切！

根的作用

嘻嘻嘻
你的脸都脏了。
哈哈哈
你也是。
什么事那么开心？
能不能安静一点儿？
发什么火啊！
咦，看来东巴不吃土豆啊，他的脸好干净。
我最讨厌吃的就是土豆！
肚子不饿吗？
应该很饿才对啊。
饿一顿会死不成？
午饭到此为止！下午就照顾一下没吃午饭的东巴，去地瓜田吧！

根可以储存茎运输过来的养分，还可以把从土壤获得的养分和水分输送到植物的各个部位。

根的构造

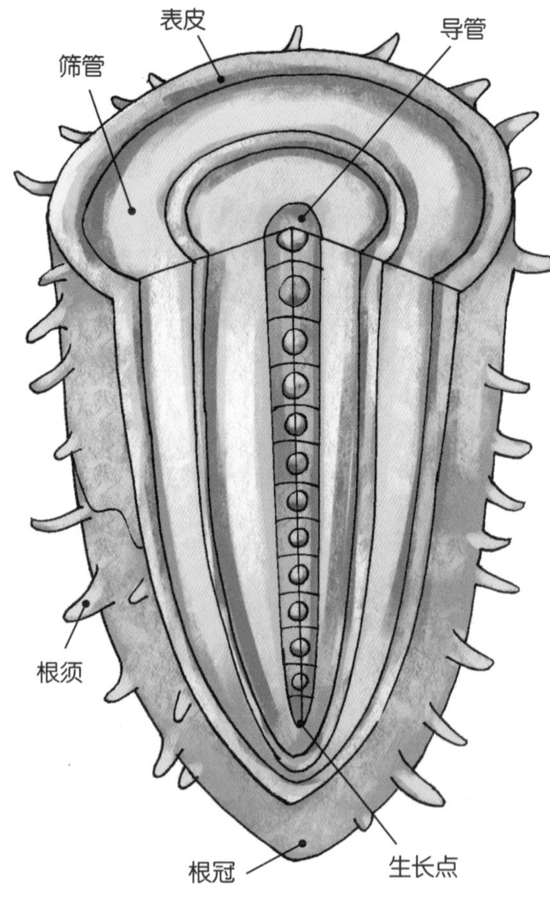

好，我先挖出地瓜了！
哇，爸爸做什么事都这么快。
哇，一连串啊！
咻咻
看！地瓜的粗大的躯干是主根，稍微粗的是旁根，最细的是须根。
之前不说是茎嘛，院长。
不满
那倒不是！土豆是茎，地瓜是根。
东巴，如果饿了就烤院长挖出来的地瓜吃吧。
不要。

▲ 储藏根（例 萝卜）
为了储藏养分而变得肥大的块根

▲ 支柱根（例 玉米）
从茎的底端长出来的根

▲ 寄生根（例 槲寄生）
扎在其他植物上的根

▲ 呼吸根（例 红树）
长在地面上的根

▲ 吸收根（例 风兰）
露在空气中的根

▲ 附着根（例 爬山虎）
附在其他植物上生长的根

▲ 水产根（例 水萍）
在水下吸取养分的根

植物的根分为双子叶植物的根和单子叶植物的根。

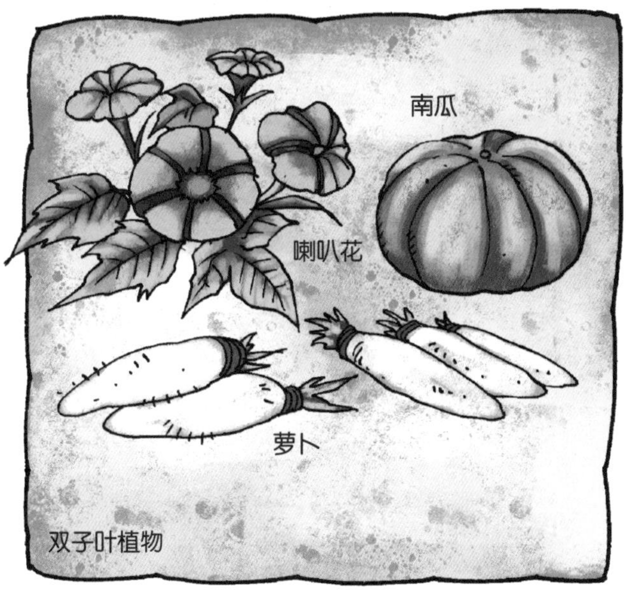

由东巴来讲讲根是怎么运输水分和养分的吧。
温室
那个嘛……下雨……还有人会浇水，还会施肥！
是问根是怎么运输的啊。
我也知道！
你们听说过渗透作用和毛细管现象吗？
毛细管现象指的是把又长又细的玻璃管放入有水的盆里时，玻璃管里的水面比盆里的水面更高的现象。
玻璃管
水面
水面
水
盆

好，到实验室做一下关于毛细管现象的实验吧。
是，院长！做实验就更容易记住了。
我不做实验也能记得住。

实验室

谁知道这是什么？
什么啊？
印章！
是吸纸。

把墨水倒出来。

把吸纸放在上面，所有的墨水会被吸纸吸走。这就是渗透压原理。

把毛笔放入装有墨水的碗里，毛笔吸收墨水。

酒精灯的灯芯吸进酒精。

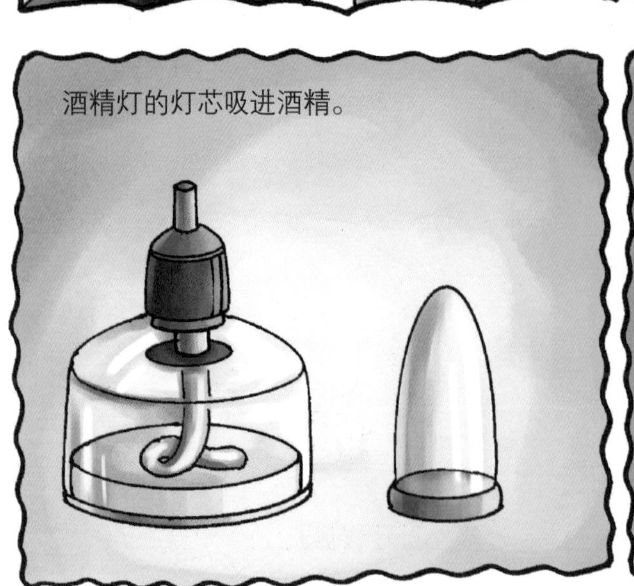

把白花插进红色墨水里，花会变红。

这些都是由于毛细管现象形成的。这次来观察一下毛细管现象的两个种类。

在装有有色液体的水缸里，

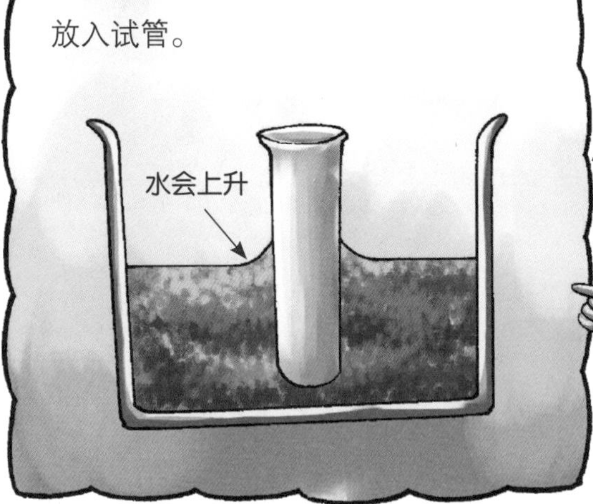
放入试管。
水会上升

水缸里的水上升了。

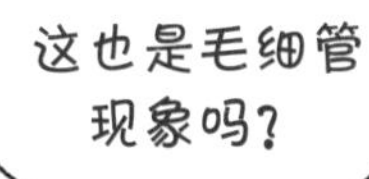
这也是毛细管现象吗？

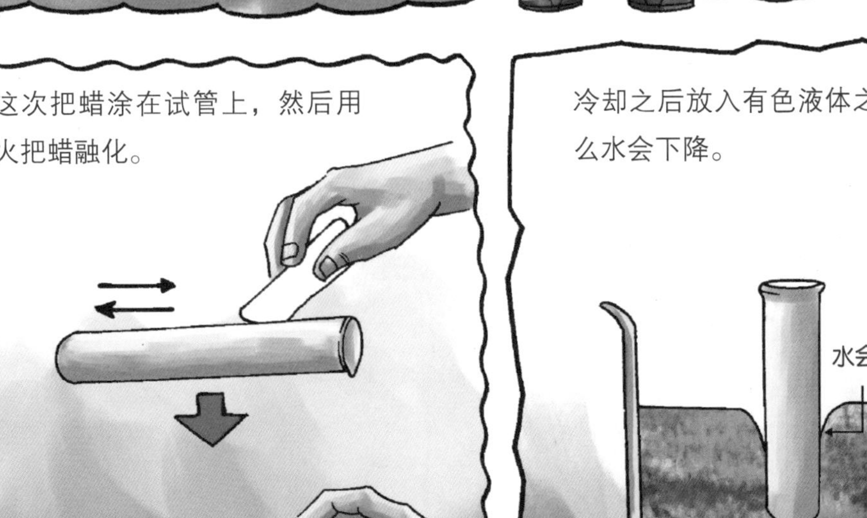
这次把蜡涂在试管上，然后用火把蜡融化。
冷却之后放入有色液体之中，那么水会下降。
水会下降

将两根较细的玻璃管其中一根用水打湿，放入水中，另一根放入水银中，得到的结果也会不同。
弄湿的玻璃管
没湿的玻璃管
水
水银
把弄湿的玻璃管放入水中时，水会上升。
玻璃管里的水会上升
弄湿的玻璃管
把没湿的玻璃管放入水银中时，水银会下降。
水银会下降
没湿的玻璃管
综合起来可知，玻璃管弄湿时水会上升，没湿时水会下降。
这次做一下关于间隔的宽度和液体水位高度的实验吧。
把两块玻璃板用肥皂洗干净，再用水清洗。

把两块玻璃板叠在一起，只在一侧插进木条，然后用皮筋固定住两张玻璃板。
将固定好的玻璃板放入有色液体中，之后倾斜，这样会出现双曲线的模样。
哇，好神奇！
居然会有这种现象！
只在一侧插进木条，才会出现这种现象。
就是说间隔窄的部分液体水位会高，间隔宽的部分的液体水位会低。
这么说，间隔越窄，水位就会越高啊。
这不能说是毛细管现象，得说是毛细面现象，院长！
哪有毛细面现象啊？

毛细管的意思是像毛一样细的管子啊！
哪有像毛一样细的管子？
不是说管子细得像毛一样，只是比喻管子很细而已啊。
闭嘴！又没问你。
听到了所以要说啊！
不管是面还是管，都是同样的原理。越细，毛细管现象越突出。
那是什么啊，院长？
要在哪儿竖牌子吗？
看过这么小的牌子吗？还有，哪有柱子粗细不同的牌子？
看好了。

这并不是牌子柱子什么的。这是用来固定粗细不同的管子的。
把直径从2厘米到0.3厘米的粗细不同的管子按顺序排列。
2 1 0.5 0.3
把管子放入有色液体中观察。
哇！液体的水位都不同。
真的啊！真的都不同。
越细的毛细管，水位会越高。就是说毛细管越细，毛细管现象越突出。
现在能记住什么是毛细管现象了，院长。
就是说植物是通过毛细管现象吸水是吧？

过滤：用滤纸或者过滤器筛除液体里的沉淀物或颗粒的过程。

溶剂：利用某种液体溶解物质为溶液时，称该液体为溶剂。在两种液体中，量多一些的液体为溶剂。

植物是怎么繁殖的？

植物通过渗透作用吸收的水分和养分又通过毛细管现象运输到植物的各部位。

植物是怎么繁殖的啊，院长？

不要再问了，会没完没了的。

开花的植物大部分都是通过散播种子来繁殖。

不开花的无花植物通过孢子进行繁殖。

利用孢子进行繁殖的代表性植物——蘑菇和苔藓 ▲

此外还有通过茎和根繁殖的植物。

蝴蝶与蜜蜂在采蜜时把雄蕊的花粉涂到雌蕊上，这就是授粉。

一朵花里雄蕊、雌蕊都存在，可以在一朵花之内进行授粉的叫自花授粉。

雌蕊获得其他花雄蕊的花粉的，叫异花授粉。

采完蜜，就把雄蕊的花粉移到雌蕊上吧。

还有人工授粉的。

就是刚刚那位研究员用毛笔做的工作是吧？

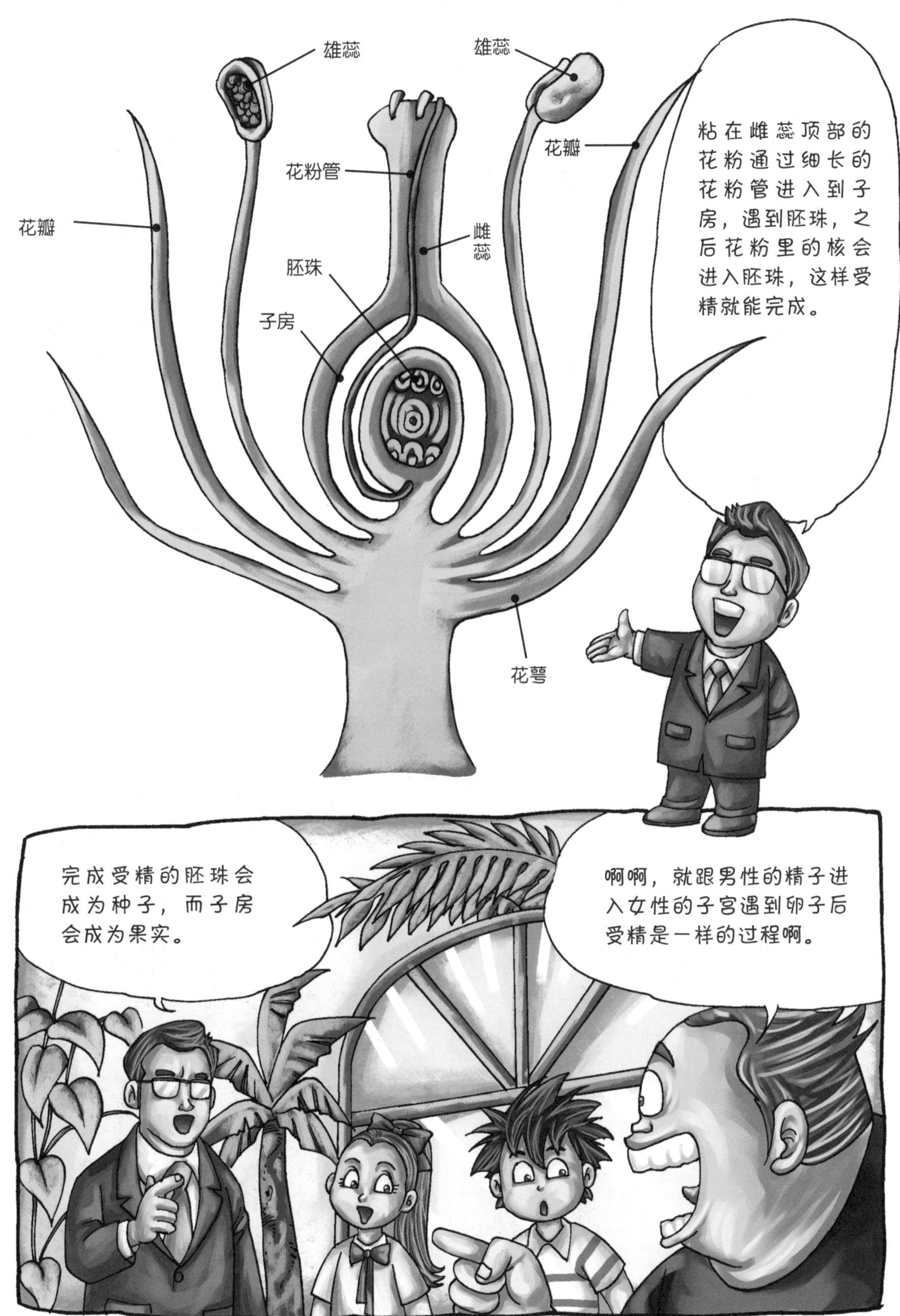
雄蕊
雄蕊
花瓣
花粉管
花瓣
雌蕊
胚珠
子房
花萼
粘在雌蕊顶部的花粉通过细长的花粉管进入到子房，遇到胚珠，之后花粉里的核会进入胚珠，这样受精就能完成。
完成受精的胚珠会成为种子，而子房会成为果实。
啊啊，就跟男性的精子进入女性的子宫遇到卵子后受精是一样的过程啊。

菜豆、红豆等植物没有胚乳，所以把胚芽所需的养分储存在子叶中。

菜豆

红豆

种子是怎么传播的?

种子长成后要播种，那么种子自己能移动吗？
不可以，所以要依靠帮助。
不是人们收割后再播种的吗？
每种植物都有各自独特的播种方法。
枫树
枫树和松树、蒲公英通过风来传播种子。
松树
蒲公英

松树和枫树等的种子通过空气袋，而蒲公英和柳树等的种子则通过风散播到远处。

拥有钩状刺的鬼针草的种子是钩在动物的身上散播到别处的。

鬼针草

芥菜、凤仙花、老鹳草等拥有种囊，一碰就会破裂。它们利用破裂时的力量将种子散播在远处。

老鹳草

凤仙花

芥菜

还会通过大便传播！

又是大便吗？

东巴说得对，快说说这是怎么回事。

比如人们吃西瓜、甜瓜、葡萄等的时候会连籽也一起吃掉。

当人在野外大便时，
扑哧哧
嗯
嗯

他的排泄物中西瓜、甜瓜、葡萄等的籽依然会在。
热乎
热乎

浣熊等动物会吃掉这些排泄物。
吧唧吧唧
嘿嘿嘿

唔。
喂！
然后浣熊会到其他地方大便，这样种子就能传播开来了。
只答对了一半。

椰子、莲藕、水莲等的种子有空气袋，不会沉到水里，会顺着水飘去。

椰子

水莲

松鼠

这个温室的温度
适合水果生长。
哇，真的
好暖和。
呼呼，好热。

西瓜

感觉好好吃。
甜瓜

花粉通过雌蕊顶部进入并
进行受精，花瓣会掉落，
而花会开始结果实。
是花的哪个部分
长成果实啊？

花托、花萼、子房等部分成长为果实。

就是说，为了种子的繁殖，才会结果实。

好吃、营养又丰富才会有人和动物吃，然后通过排泄物进行播种啊。
答对了。
玄彬理解得不错啊。
嗒

差点饿死了。
吧唧 吧唧 吧唧
还有吃胚珠的。
吃胚珠？
甜瓜田

菜豆、豌豆、红豆、大豆等都是吃胚珠的植物。
啊，原来如此啊！
那个……东巴怎么不见了？

又一个繁殖

哎哟，肚子！
厕所，厕所！
噗噗
哎哟。
东……东巴。
真是！

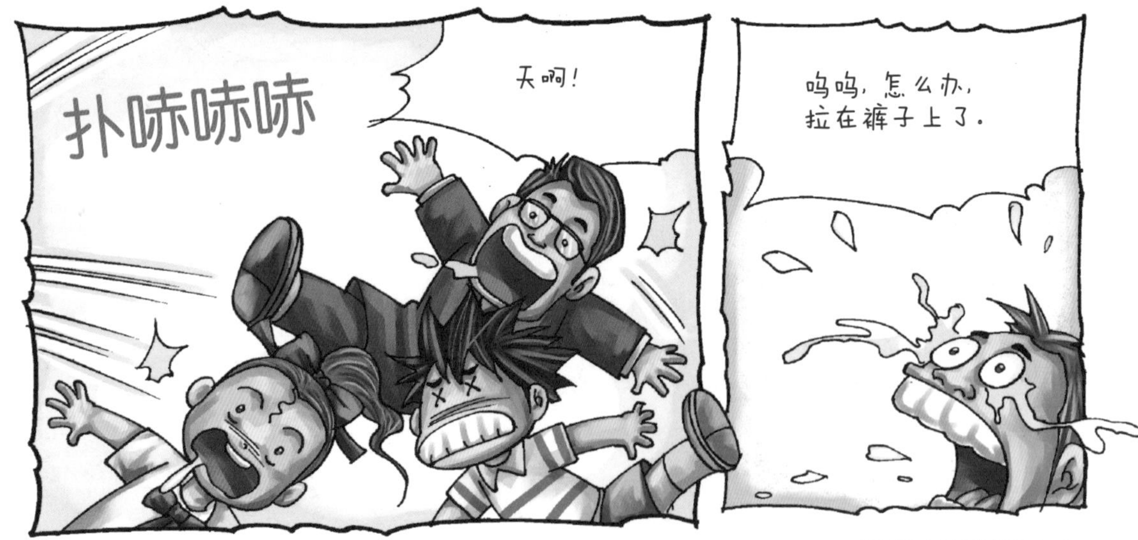

扑哧哧哧
天啊！
呜呜，怎么办，
拉在裤子上了。

只有这件衣服，
先凑合着穿吧。
不要！这可是
大妈们工作时
才穿的裤子。
就穿到洗好的衣
服干为止吧。

就我们几个人而已，害什么羞啊。

呵呵！真好笑。

快来吧！快走完今天的流程。

到底吃了多少，能吃出腹泻啊？

两个西瓜、十个甜瓜……

啊，天啊！

一个人吃了那么多啊？

好，我们继续学习吧。开花的植物通过种子进行繁殖，不开花的植物通过孢子来繁殖。

无花植物包括我们蕨类（蕨菜）、

苔藓类（苔藓）、

菌类（蘑菇和霉）、

藻类（水草类)等。

孢子是很小的颗粒，因此只能通过显微镜来观察。

被风吹走的蒲公英的孢子

孢子发芽需要满足温度、水、养分等条件。条件具备了，孢子才会产生菌丝，孢子通过菌丝吸取养分成长。

苔藓

蕨菜

霉

蘑菇

菌丝：构成菌类身体的丝状细胞。

砧木苗是把植物的枝头、叶子、胚芽折断后插进地里使其扎根的方法。
菊花、木槿花、迎春花、康乃馨、玫瑰等都可以用这种方法培育。
康乃馨
迎春花
压枝是不折断树枝，直接将树枝拉下来埋入土中，扎根后把它和母株分开，使其另成一棵树苗的方法。

嫁接是把树的胚芽或者树枝摘下来后移接到其他树上的方法。

啊！东巴又不见了。

他来了，上厕所了吗？

去换我自己的衣服了。

植物的运动

趋水性：植物体根据湿度朝一定的方向弯曲的性质。
向水性：植物的根向湿度高的地方扎根的性质。

趋性运动是随刺激的方向或者反方向弯曲的运动。

植物因刺激而弯曲的模样

像郁金香那样，气温高的时候花瓣绽开、气温低的时候花瓣紧闭的叫感温性。

郁金香

像蒲公英一样光线强烈时花瓣绽开，黑暗时花瓣紧闭的叫感光性。

蒲公英

我在这里，凤仙花的种子破裂得真好玩儿。
啪
啪
对！那是植物运动之一——吸湿运动。

植物的细胞膜会根据湿度的变化延伸、收缩。
嗯！由于吸湿运动，芥菜、凤仙花、老鹳草的种囊会破裂，种子还会蹦来蹦去。
真好玩儿。
啪
啪
啪

最后是感夜性。菜豆、合欢等植物一到晚上会缩进叶子。
感夜指的是睡眠的意思吧。
噗噗，这是什么味道？

时间这么快就到了。虽然有些不足，今天就到此为止吧。下次会给你们看更多的东西。
对我们来讲已经足够了，也学到了不少东西。
干什么呢，还不说声谢谢？
噗噗
院长！清炖土鸡已经做好了。
对！原来是清炖土鸡的味道啊。
谢谢，院长，给没吃到午饭的我准备了清炖土鸡啊。
嘿嘿嘿
另外拜托你的也准备好了吧？
是，院长。

好，去食堂吧。
是！
嗖

两只清炖土鸡就由我和玄彬、松伊三个人吃。
那个白粥是给腹泻的东巴准备的。
食堂
咕噜
扑通
啊啊啊啊
我要肉
我不管
哇，居然这么劲道，真不愧是土鸡。
汤也很好喝。
真是美味啊。
呼噜呼噜
吧唧吧唧
吧唧吧唧

东巴不进来吗？
不给他鸡肉吃，所以耍小孩子脾气了。
他说不想喝粥。
爸爸，吃一点儿应该不成问题吧？给他吃点儿鸡肉吧。
松伊真是天使啊。
不可以，腹泻的时候还是饿肚子的好。
院长，尝尝拌芥菜吧。
又不是春天，哪来的芥菜？
最近都是通过栽培种植的，所以没有季节的概念了。
对，妈妈也是那么讲的。

像芥菜、蒲公英、月见草等紧贴着地面生长的植物叫垫状植物。
垫状植物？名字好好玩儿。
看来东巴真不喝粥了，玄彬你喝掉这碗粥吧。
谁说不吃了？把粥给我交出来！
吓……吓了一跳！
吓死了。
这个家伙……
呱哒
吧唧吧唧
哈哈哈。
呵呵呵。
慢点喝吧，喝急了，粥也没得喝！

植物是从什么时候出现在地球上的？

约45亿年前，地球上只有陆地和海洋，二氧化碳和氨气，看不到任何生命体。35亿年前，受到太阳光的影响变成小粒的蛋白质块的气体与雨水一同掉落海里，形成了最初的生命体——细菌。

细菌经过长时间的进化，形成了水里的绿色藻类。这种绿色藻类在阳光、水分和二氧化碳充足，没有竞争对手的情况下开始繁盛，最终产出了养分和氧气。由此地球上开始有了氧气。此时，利用氧气呼吸的植物开始出现了。绿色藻类进一步进化，终于能在离海岸较远的地方生长了。后来又经过很长时间，才进化成如今的许多植物。

植物和人类一同在地球上生活，形成了密切的关系。人类找出治病的植物当药草使用，而且开发了食物和酒、茶等食品。起初人类只能使用自然界原生的植物，后来逐渐开始栽培所需要的植物。

东南亚的主食稻子和西亚、欧洲的主食大麦成了主要的栽培植物，也是米饭和面包的原料。东方的绿茶、英国的红茶、美国的咖啡被开发成为了嗜好食品。而且，人类栽培植物不仅仅为了食用，也有专门用来观赏的植物，植物和人类的关系更加密切了。但由于人类盲目的毁损，目前地球上的许多植物开始慢慢消失。

植物为什么会落叶？

虽然植物不停地通过渗透压作用吸取水和养分，但一到秋天，变黄变老的叶子就会掉落。一般四季常绿的树木在冬天也通过渗透压作用成长，但落叶树木在冬天生长缓慢。到了冬天，根的功能变弱，吸取的水分会变少。不仅如此，由于天气干燥，叶子储存的水分被蒸发。树要通过落叶减少水分蒸发，保护自己。此时叶子拥有的养分会移动到茎部，储藏成脂肪或者糖分。这样，树木可以防寒，同时以休眠的状态过冬。

▲ 稻子
稻子属单子叶植物，主要生长在亚洲和非洲的热带和亚热带地区，是主要的农作物之一，也是全世界一半以上人口的主食。

▲ 枫树
枫树属双子叶植物，一般生长在水分充足、有机质较多的肥沃土壤中。

植物怎么吸取水分？

植物通过须根吸取水分和无机盐类，其原理可分为渗透压作用、蒸散作用、毛细管现象三种。

第一，渗透压现象：当把通过溶剂但不通过溶质的半透膜放在两个不同浓度的溶液之间时，溶剂从低浓度的溶液流向高浓度溶液。所有植物都通过这种原理吸取水分和盐类。若须根内部的浓度比外部的浓度低时，会出现逆渗透压现象，这样植物会枯死。

第二，蒸散作用指的是根部吸取的水分经过茎和叶子后成为水蒸气散发到体外的现象。这种现象一般在植物的叶子上进行，蒸散是植物体内水上升的原动力。

第三，毛细管现象是把较细的玻璃管插入液体里时，管里的液体水位比管外的液体水位更高或更低的现象。这是由于水的凝聚力而产生的。水有黏着的性质，因此把水滴落在地面后把细管一头放在水上，就能看到水随着管道往上攀升的现象。植物通过这种原理利用须根吸取水分并运输到叶子，同时还会吸取无机盐类。

▲ 草莓

▲ 仙人掌

▲ 郁金香

▲ 香蕉树